伟大的发明
天才与灵感的杰作

宇宙中的星体
打开探索宇宙的大门

奇境森林
动物和植物的天堂

神奇的火车
沿着铁路通向未来

各种各样的鱼
水下的奇妙世界

改变世界的电
高电压与超导体

大自然的力量
难以估量的威力

沙漠之旅
穿越、绿洲和无尽的远方

忠诚的狗
四只爪子的英雄

美丽的蝴蝶
色彩斑斓的自然秘洞

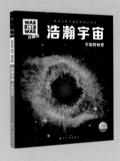
浩瀚宇宙
宇宙的秘密

蚂蚁和白蚁
了不起的建筑师

野生动物
从未被驯服的野性

蜜蜂和胡蜂
甜蜜的蜂蜜与可怕的蜂针

潜水的魅力
潜入水下的迷人世界

狼的故事
走进荒野掠食者的领地

奇趣萌宠
人类的好朋友

鸟类不简单
天空中的杂技演员

显微镜探秘
肉眼看不见的微小世界

未完待续……

WAS IST WAS

蜜蜂和胡蜂

美味的蜂蜜与可怕的螫针

【德】雅丽珊德拉·里国斯／著　张依妮／译

航空工业出版社

方便区分出
不同的主题！

真相
大搜查

工蜂正在不知疲惫
地采集花蜜和花粉。

在六边形巢房中，蜜蜂们不仅要储存
食物，还要养育它们的后代。

辛勤的蜜蜂为植物传播花粉，
授粉后的花朵才能结出果实。

24

蜜蜂激发了人们对珠宝首饰的设计灵感。

符号 ▶ 代表内容特别有趣!

27

蜂蜜像液体黄金一样从巢房中滴落,它是蜜蜂辛勤工作的美味结晶。

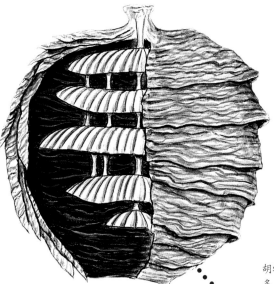

胡蜂蜂巢内部层次繁多,结构错综复杂。

造纸胡蜂用纸浆建造神奇而精巧的蜂巢。为此,它们得先把木头嚼碎。

39

重要名词解释!

个性十足的
昆虫

阳春三月，万物复苏，勤劳的蜜蜂们开始了忙碌的采蜜工作。一排排婀娜多姿的柳树上长满了嫩绿的新芽，毛茸茸的昆虫停栖在树上，嗡嗡嗡地低声鸣叫着。漫天飞舞的柳絮是柳树的种子，虽然里面没有甘甜的花蜜，却为饥肠辘辘的蜜蜂们提供了富含蛋白质的花粉颗粒。"蜜蜂们现在需要花粉颗粒来喂养幼虫。"马尔克·威廉·科芬克解释道。这位来自德国柏林的养蜂人把蜂箱的盖子揭开，蜂房里的蜜蜂密密麻麻地挤在一起。乍一看可真够混乱的，但其实每只小蜜蜂都在有条不紊地完成某项工作，大家分工明确，各司其职。马尔克·威廉·科芬克从小和蜜蜂一起长大，当他回想起自己的童年时，依旧清晰地记

团结的蜂群有时就像单一的有机体。

养蜂人科芬克正在高高的屋顶上检查蜂箱。

得蜂箱里蜂蜜香甜的气味。那时候，小房子的墙上到处安装着许多蜂箱。"大雪纷飞的冬天，大自然一片寂静，"这位养蜂人讲道，"每当这个时候，我就会钻进蜂房。那里十分暖和，房间里的气味也非常香甜。尽管外面天寒地冻，蜜蜂却在蜂箱里欢快地爬来爬去。"几十年来，这种童年的安全感一直陪伴着马尔克·威廉·科芬克。目前，这位养蜂人饲养着 120 个蜂群，除了养蜂人的身份，他还是一名兼职记者，他常感叹与大自然接触的机会越来越少。他梦想有一天和家人一起重新搬回柏林，在那座城市建一座带花园的房子，在花园里养上一群蜜蜂。

蜂群就像超级个体

每当提起可爱的动物，马尔克·威廉·科芬克就会想到他的蜜蜂，他认为毛茸茸的蜜蜂非常可爱。虽然蜜蜂会蜇人，却丝毫不改

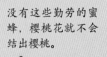

没有这些勤劳的蜜蜂，樱桃花就不会结出樱桃。

温室里的熊蜂们正在为番茄授粉。

他的喜爱之情。他解释道："被蜇是非常正常的事情，就像园丁有时也会被玫瑰刺扎到一样。"数千只小小的蜜蜂非常团结，建立庞大的蜜蜂王国，太令人钦佩了！"每只小蜜蜂就像我们身体的每个小细胞，各自完成特定的任务，庞大的蜂群就像一个巨大的超级个体。"马尔克继续说道。每只蜜蜂都有自己独特的个性：有的温和，有的敏感，有的勤劳。

没有蜜蜂就没有番茄酱

勤劳的蜜蜂为我们提供了健康美味的食物——蜂蜜。尽管养蜂人科芬克以出售蜂蜜为生，但他觉得这些昆虫还有另一项更重要的工作。"如果没有了蜜蜂，我们不仅没有蜂蜜，也没有果酱来搭配早餐面包，更没有番茄酱来搭配薯条！"勤劳的蜜蜂喜欢在花丛里四处采蜜，它们辛勤采蜜的同时也会帮助果树和蔬菜授粉，让果蔬结出各种可口的果实，我们人类也才能享用各种美味的食物。

蜜蜂是一种特别的生物，拥有令人惊叹的能力。"蜜蜂总是给人带来惊喜！"马尔克·威廉·科芬克说道。

蜜蜂们正在六边形的蜂房里酿制蜂蜜，甘甜的蜂蜜是它们的食物。

美味的蜂蜜是甜食爱好者的最爱。

膜翅目昆虫

成年胡蜂爱吃花蜜，为了保卫巢穴，它们也会攻击捕食者。

蜜蜂、熊蜂和胡蜂都是蜂类家族的成员，就连蚂蚁也和这个家族有血缘关系：蚂蚁其实就是没有翅膀的胡蜂。这些昆虫都属于膜翅目，它们轻薄透明的翅膀由一种类似皮肤的材质构成。与其他昆虫一样，膜翅目昆虫也有六条腿和坚硬的几丁质外壳。膜翅目昆虫没有肺，只能借助遍布全身的网状管道系统呼吸新鲜的空气。在成长过程中，膜翅目昆虫会经历从卵、幼虫、蛹到成虫的不同生命阶段，体形也会发生相应的转变，人们把这个过程称为变态发育。首先，受精卵慢慢孵化为幼虫；然后，幼虫快速生长，经历几次蜕皮；蜕皮结束后，幼虫结茧成蛹，在蛹壳中重建身体结构；最后，成虫破蛹而出，化为有翅膀的昆虫。

广腰亚目和细腰亚目

膜翅目昆虫是种类最丰富的动物类群之一，除了尚未在南极露过面，它们几乎遍布地球的各个角落。膜翅目昆虫又可以细分为两大亚目：广腰亚目和细腰亚目。腹基部与胸部相接处（腰部）粗壮的膜翅目昆虫属于广腰亚目，它们喜欢食用绿色植物和花蜜，比如树蜂和叶蜂；腹基部与胸部相接处紧束成细腰状的膜翅目昆虫属于细腰亚目，比如蜜蜂、胡蜂和蚂蚁。虽然大多数细腰亚目是食肉动物，喜欢捕食其他昆虫，但有些蜜蜂和熊蜂是素食主义者。如果提到胡蜂，你脑海里蹦出的只有黑黄条纹的讨厌鬼，那可就大错特错了，世界上胡蜂的种类超过 10 万种，它们不仅外形各异，生活习性也迥然不同。

姐妹比母女更亲

雄性膜翅目昆虫没有父亲！它们由未受精的卵孵化而成。相较于雌性姐妹，它们只有来自母亲 50% 的遗传基因。这些雄性会将仅有的遗传基因悉数遗传给即将孵化的女儿们。这种基因遗传模式形成了奇特的家庭关系：姐妹之间不是像人类那样仅有 50% 相同的遗传基因，而是高达75%，姐妹之间的亲缘关系比母女之间的亲缘关系更近。

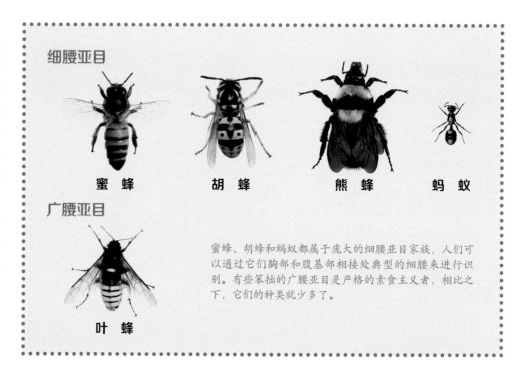

细腰亚目

蜜蜂　　胡蜂　　熊蜂　　蚂蚁

广腰亚目

叶蜂

蜜蜂、胡蜂和蚂蚁都属于庞大的细腰亚目家族，人们可以通过它们胸部和腹基部相接处典型的细腰来进行识别。有些笨拙的广腰亚目是严格的素食主义者，相比之下，它们的种类就少多了。

翅 膀

乍一看，蜜蜂好像只有两片翅膀，但其实有四片！前翅和后翅通过微小的挂钩相互连接。

眼 睛

和许多昆虫一样，蜜蜂通过成千上万只单眼看到这个世界，这些单眼会排列成复眼。它的头顶上还有三只微小的单眼，可以感知亮度的差异。

触 角

触角是蜜蜂最重要的触觉和嗅觉器官。它的两只触角就像"鼻子"，上面布满了感知气味的小毛孔，蜜蜂甚至可以识别出气味来自哪里。

螫 针

蜜蜂尾部的螫针是它的秘密武器，是在进化过程中由产卵管特化而成的。

口 器

蜜蜂有一个如钳子般锋利的嚼吸式口器，结构复杂的口器不仅可以用于吸食花蜜，还是蜜蜂的秘密武器。

花粉刷

蜜蜂粗粗的长满绒毛的后腿可以传播花粉，它的后腿上也长有刷状刚毛，可以将粘在身上的花粉刷下来。

在蜂箱内，工蜂们正围着孵化室内的幼虫忙得团团转。

蜜蜂王国

一只蜜蜂正在花丛里不知疲惫地嗡嗡低鸣，这样的场景早已屡见不鲜。真正让蜜蜂不平凡的是庞大的蜂群，蜜蜂王国是大自然最伟大的杰作。蜜蜂王国的群居生活方式与人类截然不同，却丝毫不逊色于人类。它们一起生活，一起劳动，一起酿造和储存过冬的食物——蜂蜜。在养蜂人的眼中，成千上万只蜜蜂团结一致，整个蜂群就是一个超级个体。

很多蜜蜂和胡蜂成功结束了单蜂作战的生活，不断联合成巨大的昆虫王国，它们也因此被称为"真社会性昆虫"。然而，还有许多蜜蜂和胡蜂仍在孤军奋战，过着独居生活。

昆虫王国有大有小，小至几只，大到数百万只。熊蜂的巢穴里有时只有几只熊蜂；胡蜂的巢穴可以容纳几千只胡蜂；在温暖的夏季，庞大的蜜蜂蜂巢可以容纳4万到6万只蜜蜂；在更庞大的蚂蚁王国里，数百万只蚂蚁共同生活！

有趣的事实

蜂王的信息素

事实上，工蜂也有繁殖能力，但蜂王会散发一种具有独特气味的信息素，抑制工蜂繁殖，并让它们为整个蜂群服务。工蜂也能产卵，但它们所产的卵并未受精，从中孵化出来的就是雄蜂。

蜂王　　　雄蜂　　　工蜂

体型最小的工蜂最勤劳，蜂王和雄蜂比工蜂要大得多。

分工合作，互惠互利

在庞大的蜜蜂王国，分工明确是蜂群壮大的终极秘密。在蜂群里，有些工蜂会负责建造蜂巢，有些工蜂会采集花蜜，还有些工蜂会保护蜂房免受敌人攻击，工蜂们分工明确，各司其职。然而，它们却把繁殖工作留给了唯一的蜂王。

蜂王主要的工作就是在蜂巢安心产卵，全体工蜂会负责精心照料蜂王。不过，产卵也并不轻松，蜂王需要消耗大量精力排出受精卵，好在勤劳的工蜂们为它免去了其他后顾之忧。雄蜂在蜂群里地位并不高，寿命也不长，它主要负责为蜂王受精，完成受精不久后它就会死亡。

独特的气味语言

成千上万只蜜蜂分工合作，必然少不了相互沟通。人类用语言和文字相互交流，那昆虫们会怎样交流呢？蜜蜂们有自己独特的气味语言，可以相互传递信息。负责警卫工作的工蜂可以通过气味分辨对方是敌是友，一旦入侵者靠近，工蜂哨兵就会加强防卫，同时分泌一种气味，提醒其他同伴加强戒备。其实，蜜蜂们有时还会借助肢体语言增进沟通和理解，比如著名的蜜蜂摆尾舞。

➡ 你知道吗？

仔细观察一些野蜂，你会发现昆虫是如何聚集成群组建昆虫王国的。有些年轻的蜂王会自己修建蜂巢，独自觅食，然后交配产卵，喂养第一批工蜂。蜂王会将幼虫的孵化室紧密地建造在一个巢穴中，如果工蜂外出觅食时遇到危险，蜂王还得保护它们。

没有浪漫的痕迹：蜂王的生活其实相当单调，它必须从早到晚忙着产卵，大批的工蜂保姆会喂养和照顾它。蜂王只有在交配时才能飞到空中呼吸新鲜的空气，此时整个蜂群都会蜂拥而出。

昆虫世界的超级大国

团结力量大，这句话用在蚂蚁身上再合适不过了。在团队协作上，蚂蚁比它们的祖先胡蜂更胜一筹。工蚁们为蚁族无私奉献，它们的这一优点远胜于其他物种。事实上，庞大的蚂蚁家族遍布整个地球，与不同栖息地的各种生物息息相关。人类经常会忽略这个事实：我们的地球也是蚂蚁的星球。

园丁和士兵

在某些方面，蚂蚁与我们人类非常相似，比如蚂蚁也能从事畜牧业和农业：有些蚂蚁会饲养蚜虫以获取甘甜的蜜露，就像人类饲养奶牛以获取牛奶一样，还有些蚂蚁甚至会培育真菌。它们的巢穴还有许多分支，就像城市的街道、建筑物和通风井。许多蚂蚁一生都会从事某项专业的工作，人们称之为分工。根据承担的职责不同，蚂蚁们的外形也各不相同，例如切叶蚁的兵蚁就比负责育幼的工蚁大七倍。

白蚁王国的蚁王和蚁后

蚂蚁并不是昆虫界唯一的优秀团队，还有一群非常厉害的昆虫，它们生命力十分旺盛，只喝水就能活，但它们不属于膜翅目，

蚂蚁们饲养蚜虫，就像人类饲养奶牛一样。它们会将"家畜"饲养在幼嫩的叶子上，还得保护它们免受敌人攻击，因为这些六条腿的牧民渴望获取蚜虫分泌的蜜露。

在非洲大草原上，一座座圆锥形的白蚁蚁冢形成了当地的特色景观。

白蚁王国不仅有蚁后，还有蚁王。

丑陋，但非常无私

无私的昆虫并不罕见，但无私的哺乳动物却少之又少。裸鼹鼠是罕见的真社会性啮齿动物，它视力奇差，浑身无毛，生活在非洲东部的地下。在裸鼹鼠家族，只有一位雌性可以繁育后代，裸鼹鼠哥哥姐姐们会像保姆一样照顾新生儿，同时它们还得挖掘隧道，收割粮食。

高高的蚁冢并不是白蚁的专属建筑，红褐林蚁也能搭建高达 3 米的蚁冢。

蚂蚁对自己的后代关怀备至。

而是蟑螂的亲戚，它们就是白蚁。

作为昆虫世界里的超级王国，白蚁王国与蚂蚁王国有着惊人的相似性。白蚁种类丰富，分工明确，擅长培育真菌和建造庞大的蚁冢。在辽阔的非洲大草原上，你常常可以看见几米高的塔式蚁冢拔地而起！

白蚁被逐出膜翅目家族，根本原因在于，在膜翅目世界里雌性为王，但在白蚁家族雌雄平等。白蚁王国一般由蚁王和蚁后共同统领，这对夫妇常年住在一起，共同繁衍和照顾后代。白蚁的工蚁和兵蚁既有雌性也有雄性，它们通常不能繁殖后代。不过，白蚁有一项能力稍逊于蚂蚁：它们需要足够的热量，所以无法生存于寒冷地区。

切叶蚁运来一批新鲜的绿叶，但这可不是用来吃的，切叶蚁要在上面培育真菌。

蚁群齐心协力，一起克服每一道障碍。

热闹的蜂房

想象一下，你变成了一只小小的昆虫，准备前去探访蜂房！在你进入之前，得先说服入口的守卫蜂，让它相信你没有恶意。守卫蜂必须确保没有敌人进入巢穴，因为不论是蜂蜜还是富含蛋白质的幼虫，对捕食者来说都很诱人。如果守卫蜂判定你是敌人，它们就会用螯针进行攻击，同时还会释放出一种类似于警报器的气味来加强防卫。但如果你带上一大块花蜜，把它作为礼物献给守卫蜂，蜜蜂王国的大门就会向你敞开！

移动的空调

在热闹的蜂房外，你会看到，蜂巢里里外外到处是忙碌的身影。采蜜者不停地飞进飞出，空手而出，满载而归；其他蜜蜂不停地扑腾翅膀，

在采蜜者四周飞舞。在天气炎热的时候，采蜜者就像移动的空调，为姐妹们带来新鲜的空气，加强蜂房的空气流通，为蜂房降温。在天气转凉的时候，蜜蜂会抖动飞行肌，产生热量为蜂房取暖。所以即使在冬天，蜂房内的温度也会保持在 34 摄氏度左右！

井然有序的蜂房

穿过蜂巢入口后，你得适应蜂巢内无尽的黑暗。蜂巢内到处是六边形的巢房，它们一个接一个整齐地排列着，宽阔的巢房保持着一致的间距，可以允许两只蜜蜂同时并排通过而不会相互推搡。你会发现，工蜂们总在不知疲倦地建造新房和打扫旧房。蜂巢外部的巢房是储藏室，里面储存着蜂蜜和花粉等食物。蜂房内部的巢房是孵化室，受精卵和幼虫住在这片安全的区域。

蜂王的保姆

现在，你参观的是六边形的孵化室，工蜂正在里面喂养幼虫，这些幼虫可能刚出生几天。最后，你会遇到一批紧密排列的工蜂，它们正围着一只巨大的蜜蜂，这只蜜蜂的腹部非常突出，养蜂人在它背上做了一个彩色的标记，它就是蜂后。在夏季，它每天会产下大约 2000 颗卵，密密麻麻地分布在蜂房里。

在蜂房的底部，你会看到一些奇怪的桶状结构，这就是蜂巢里的王台（蜂王室），新的蜂王们正在里面生长，众多候选蜂中会有一位脱颖而出，当任新一代蜜蜂王国蜂王。

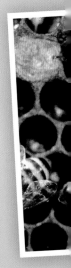

王 台
对于未来的蜂王来说，孵化室实在有些狭窄。因此，它们要在桶形的豪华公寓中长大，即所谓的王台。

蜂 王

为了在蜂群中快速辨认蜂王，养蜂人通常会在蜂王的背上做一个醒目的彩色标记。

巢室里的蜂蜜

工蜂将蜂蜜储存在蜂箱外部的储藏室内，这让养蜂人更容易获取甜甜的蜂蜜。

幼 虫

孵化室位于蜂箱的内部，里面更温暖。很难想象，这些白色的裸体蠕虫十几天后就会变成有翅膀的蜜蜂！

蜂箱内的蜜蜂

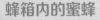

今天，养蜂人把他们的巢框挂在蜂箱里，巢框上有蜂蜡板，蜜蜂只需自己建造巢房。为什么这些巢房不是圆形或方形呢？非常简单：六边形巢房既可以充分利用空间，又能尽量减少建筑材料的消耗。

建造巢房

在大自然中筑巢时，没有养蜂人给蜜蜂提供原材料，蜜蜂的建筑才华才能得到真正发挥。为了连通新建巢房之间的间距，蜜蜂们用身体结构搭建出一个个活生生的脚手架。

入 口

蜜蜂们经由这里来来往往，络绎不绝，但不是谁都可以自由出入！守卫蜂会把守入口，抵御外来入侵者，守护工蜂辛勤酿制的蜂蜜。

蜜蜂的职业生涯

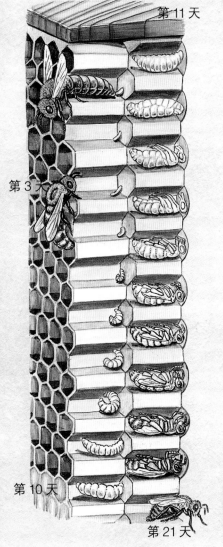

第11天

第3天

第10天

第21天

蜜蜂的未来完全是提前计划好的。当蜜蜂还是蜂房中的一颗卵时，它未来什么时候做什么事情早就已经安排好了。

从一颗卵成长为一只工蜂需要21天，雄蜂的生长周期要多3天，营养丰盛的蜂王只需16天就能完成发育。在不同的生命阶段，每只工蜂都必须完成特定的任务：到了特定的蜂龄，工蜂会分泌蜂蜡或汁液；有时候，工蜂还得承担加热和通风等工作；大多数时候，工蜂的主要工作是外出采蜜，这项工作会持续大约6周。

21天蜜蜂变形记

第3天，幼虫蠕动着从胚胎里孵化出来。到了第10天，工蜂会分泌蜂蜡把巢房密封起来，幼虫经过四次蜕皮后，会在孵化室内结茧成蛹。到了第21天，六条腿的蜜蜂长出翅膀，破蛹而出。

➡ 你知道吗？

受精卵既可以孵化出工蜂，又可以孵化出蜂王。幼虫未来成长为何种蜜蜂，主要取决于它们获得的营养。完成孵化后的第3天，如果继续用营养丰富的食物喂养它们，幼虫就会发育为蜂王，这些富含营养食物也因此被称为"蜂王浆"。

1. 清洁女工

当我们破蛹而出后，只能稍做休息，就要马不停蹄地开始忙碌起来了！对于年轻的我们来说，职场首秀就是最单调乏味的工作：清洁、清洁、清洁！我们得连续3天清洁孵化室，我们的兄弟姐妹都是从那里孵化出来的。然后，我们开始用一层薄薄的蜂胶修葺孵化室。现在，蜂王又可以放入新的卵了。

3. 育儿保姆

现在，我们成为了照顾幼虫的保姆。在第 6 至 13 天时，我们的咽头腺就可以分泌出美味的蜂王浆，用于喂养幼虫。有些幸运的伙伴还会获得为蜂王提供餐食和清洁身体的殊荣。

2. 仓库管理员

破蛹而出后的第 4 天，我们开始储存食物。我们需要储存蜂蜜，并将花粉加工成蜂粮（蜜蜂面包）来喂养较大的幼虫。

4. 建筑工人

结束照顾幼虫的工作后，我们要开始为期 3 天的建筑工作。我们的蜡腺每天会分泌出许多蜡液，它们与空气接触，凝结成鳞片状的蜂蜡，可以建造出完美的蜂巢。

5. 警卫员

现在是值班的第 4 天，这项工作没有听起来那么无聊。当我们在蜂巢入口守卫时，可以时不时地进行侦察飞行。

6. 采蜜者

到了第 21 天，大冒险开始！我们终于成为了采蜜者，可以去探索外面的世界。为了寻找花蜜和花粉，我们飞行了 4 千米，把甜甜的汁液装进蜜囊里，准备带回家。回到家后，我们把汁液吐出来，交给负责储存食物的伙伴。

蜜蜂和花朵

在我们看来，这是一朵鲜艳的小黄花，但在蜜蜂眼里，这朵花可就大不相同了。

植物也有困扰，它们不能像人类和动物那样寻找伴侣，为了繁殖，它们需要帮助。许多开花植物会和昆虫进行交易：昆虫可以在花中啜饮甜甜的花蜜，但它们得将花粉从雄蕊的花药运送到雌蕊的柱头上，这个过程就是授粉。

但是，有一部分花粉会被吃掉，蜜蜂采集花粉并将它们装进蜜囊带回家。为了满足生长需要，蜜蜂幼虫要吸食大量的蛋白质。作为素食主义者，蜜蜂和大多数胡蜂不同，它们会食用花粉来满足自己对蛋白质的需求。

紫外线

为了寻觅花朵，蜜蜂配备了优秀的感觉器官。和人类一样，它们也拥有识别颜色的感觉细胞，复眼可以帮助它们精准地感知和辨识各种颜色。我们人类能识别蓝色、红色和绿色，但蜜蜂看不见红色；我们无法感知紫外线，但它们却能做到。对于蜜蜂来说，嗅觉比视觉更重要。凭借高度敏感的触角，它们可以闻到姐妹们留下的花香和气味线索，追寻气味的踪迹。在黑暗的蜂巢中，它们甚至完全依靠气味辨别位置和方向。

有趣的事实

蜜蜂学外语

不同地区的蜜蜂语言密码各有差异，但如果一只欧洲蜜蜂搬到亚洲，在亚洲生活一段时间后，它很快就能理解亚洲蜜蜂的气味语言。

一只侦察蜂正在舞动身体，试图告诉姐妹们，它发现了丰富的食物。

如果食物在蜂箱和太阳之间，蜜蜂就会在8字的中线位置头朝太阳舞动，舞动的路线会传递关键信息。

如果食物在蜂箱和太阳的斜线方向上，蜜蜂摆尾舞的中线就会倾斜，沿着倾斜的角度就能找到食物。

如果从太阳的位置来看，食物位于蜂箱后面，那么蜜蜂就会在中线位置头向下垂，沿着远离太阳的方向舞动。

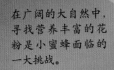

在广阔的大自然中，寻找营养丰富的花粉是小蜜蜂面临的一大挑战。

蜜蜂的舞蹈

如果蜜蜂找到了丰富的蜜源，就会立刻把这个消息告诉其他伙伴，它们会使用独特的交流密码——摆尾舞。在这个过程中，找到蜜源的采蜜者会在蜂房中舞出一个独特的形状，看起来就像阿拉伯数字 8。蜜蜂总是在中线位置剧烈晃动自己的臀部——它其实在"摆尾"。跳舞的方向可以显示目标在哪个方位，跳舞的节奏和时间可以告诉同伴距离目标有多远。

花粉粒是小小的能量包，里面含有大量的蛋白质和脂肪。

只有当昆虫或风将花粉带到雌蕊的柱头上时，种子才会形成。

➡ 你知道吗?

在五月或六月，蜂房会变得格外拥挤。工蜂们正在建造王台，新一代蜂王将从那里孵化出来。在新的蜂王上台之前，现任蜂王还有三分之二的工蜂拥护者。工蜂们正在寻找新的理想筑巢点，通过跳动"摆尾舞"来分享信息。过去，人们常常看到蜂拥而至的蜂群像葡萄那样挂在树枝上或屋檐下。如今，为了方便起见，养蜂人常常会及时移除蜂王，以防蜂群到处建窝。

雄蜂先生
访谈录

姓 名：雄蜂先生
标 志：巨大的复眼
年 龄：不大于 3 个月
爱 好：闲逛、飞行比赛

您好，蜜蜂小姐……

等一下，请不要叫我小姐，虽然我知道你们喜欢称蜜蜂为"蜜蜂小姐"，但我是一只雄蜂，请叫我"雄蜂先生"。

抱歉，雄蜂先生，您最近好吗？

非常好，我才和伙伴们在花丛里度过了美好的一天。现在是初夏，我们每天都会相约出去玩耍，在特定的聚集点与不同蜂箱的伙伴碰头。我们会飞到距离地面 10 到 40 米的高空跳舞转圈，让阳光照射在我们身上，等待一位美丽的女士飞过！

您是在等待未来的蜂王吗？

没错，我们巨大的眼睛密切关注着"蜂王女士"的行踪，一旦遇见，立马行动！不过飞得最快的雄蜂才有机会。每只蜂王会与 8 到 12 只雄蜂交配，这对蜂王而言已经足够了。

您不害怕蜂王吗？听说雄蜂交配后就会死亡……

你知道的，天妒英才，最优秀的雄蜂总是英年早逝！能让蜂王受精是我们的光荣，只有千分之一的幸运儿才有这样的机会。好在幸运的雄蜂会将基因全部遗传给成千上万的女儿们（工蜂），就让我们失去的一切在孩子们身上继续传承下去，这也算虽死犹生，不是吗？

婚礼也是葬礼：蜜蜂会在婚飞时完成交配，有些交配成功的雄蜂会在交配后立即死亡。

如果您在婚飞时追不上蜂王，可能会面临更糟糕的结局……

是的，没有交配的雄蜂会成为蜂群的累赘，工蜂姐妹们会咬死我们，或者将我们驱逐出蜂巢，让我们自生自灭。蜂群里可容不下无用的寄生虫，否则人们也不会平白无故地说交配是一场"雄蜂之战"。但从另一方面看，我们心安理得地享受夏天，而工蜂们却得辛勤工作，我们死后四五个星期，它们也会死。唉，生存总是不太容易！

工 蜂

巨大的复眼是雄蜂的标志性特征。

小小的眼睛足以让工蜂辨别方向。

雄 蜂

您好，蜂王陛下，要加入我们的战队吗？我是世上速度最快的飞行员！

你知道吗？

作为战争武器，有些无人驾驶机也会取名为"雄蜂无人机"，但为什么人们要用无害的雄蜂来给无人驾驶机命名呢？因为第一批远程遥控的无人驾驶机是无害的，它们没有携带武器，还常被用作射击训练的靶子。或许雄蜂发出的噪声也是原因之一：雄蜂源自古日耳曼语中"嗡嗡叫"一词。

不可思议！

雄蜂似乎有第六感。它们如何抵达交配地点至今仍是一个谜，因为上代雄蜂会在夏季死亡，到了明年春天，即使毫无指引，年轻的雄蜂也能顺利抵达交配地点。科学家认为，它们可能和候鸟一样，借助地球磁场就能准确定位交配地点，然后按时赴约。

雄蜂先生，您在人类世界臭名昭著，大家都认为您是懒惰的丈夫。对此，您怎么看？

这太不公平了。你们人类中的男性会洗碗、做家务、工作，至少他们拥有一双手吧！但是，我们雄蜂怎么能让自己变得有用呢？我们没有口器，不能自己去花丛里采集花蜜，没办法自己觅食，也没有办法制作蜂蜡。如果没有螯针的话，我们可能就只是个手无缚鸡之力的小丑了！

熊蜂是我们最常见的蜜蜂之一，菜农们喜欢把它们放到温室里为蔬菜授粉。

→ 创造纪录
2 摄氏度

气温升至 2 摄氏度，熊蜂蜂王就会出蛰。当温度回升至 10 摄氏度以上，其他蜜蜂才会慢慢出现，所以熊蜂是早花植物重要的传粉者。

长颊熊蜂

红尾熊蜂

牧熊蜂

温柔的
低音歌手

熊蜂是蜜蜂科昆虫！像其他蜜蜂一样，它们也过着群居生活。熊蜂王国面积很小，整个王国存在的时间也很短，因为熊蜂们的生命周期非常短暂。除了年轻的蜂王可以熬过寒冷的冬天，其他熊蜂都会被冻死。幸存的蜂王会在第二年年初结束冬眠，如果你在阳春三月见到一只体型庞大、嗡嗡鸣叫的蜜蜂，那它极有可能是熊蜂蜂王！年轻的蜂王现在只能努力工作，自食其力，它不仅要采集花粉和花蜜，还要开始筑巢。熊蜂喜欢把家安在狭窄的石头缝和洞穴里。

自食其力的蜂王

首先，蜂王要分泌蜂蜡建造蜂巢，内部的孵化室用于产卵，外部的储藏室用于储存充足的蜂粮——与唾液混合的花粉。此外，蜂王还要建造储存花蜜的蜜罐，幼虫一旦孵化出来，不用四处觅食就能享用第一顿美餐。为了给幼虫保暖，蜂王会用苔藓、干草或者毛发填满巢穴。天气变冷时，蜂王会像鸟儿孵蛋一样，坐到蜂卵上，帮助幼卵孵化。和其他蜜蜂一样，熊蜂也能通过抖动飞行肌来产生热量，所以蜂巢内的温度也会保持在 30 摄氏度以上。

有些熊蜂口器很短，无法触及花萼深处，为了吸取花蜜，它们会直接在花瓣上咬洞。

女儿们的起义

产卵三到四周后，第一批工蜂发育成熟，它们的体型看上去比之后孵化出来的姐妹更小。尽管如此，它们得立刻开始工作：寻觅食物，喂养幼虫，修筑巢穴。蜂王终于可以一心一意履行它的产卵职责了。像其他蜂王一样，熊蜂蜂王会分泌一种被称为信息素的物质，信息素散发的气味可以抑制工蜂受精，让它们专心工作。

到了夏末，蜂王的力量会减弱，它分泌出的信息素气味渐渐散尽。然后，工蜂们开始变得叛逆，它们要自己产卵。蜂王不会容忍不听话的工蜂取代自己，母女间会展开殊死搏斗，但年迈的蜂王常常战败而亡，毕竟未来永远掌握在年轻蜂王的手中。自此，新的熊蜂王国又将拉开帷幕。

➡️ **你知道吗？**

熊蜂发怒了也会蜇人！但作为爱好和平的昆虫，它们很少这样做。当我们不小心踩到一只熊蜂时，它们会出于本能地反击。它们尾刺上的肌肉虚弱无力，要想蜇人，必须用力拱起后背。为了警告攻击者，这位温和的低音歌手会举起中间的一条腿，摆出防守的姿态。

暖暖地依偎在一起好舒服：熊蜂蜂王会分泌蜂蜡，为孩子们搭建软软的蜂蛹摇篮。

熊蜂正在巢穴里忙碌地工作。

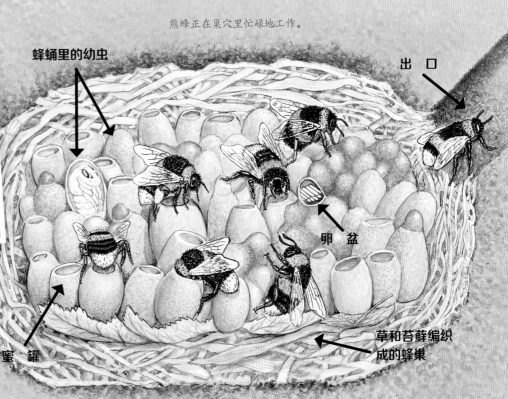

蜂蛹里的幼虫

出　口

卵　盆

蜜　罐

草和苔藓编织成的蜂巢

孤独的
姐妹们

当我们提及蜜蜂时，首先想到的总是蜜蜂酿制蜂蜜。很多人或许不知道，大多数蜜蜂其实是野蜂。除了熊蜂之外，绝大多数野蜂并不会建立蜜蜂王国，它们会独自照顾自己和后代。野蜂遍布世界各地，仅欧洲的德国就有 550 种之多。接下来我们将会介绍几种最常见、最有趣的野蜂。

黄面蜂

体型瘦小、黑漆漆的黄面蜂乍看上去很容易被误认为是苍蝇，雄性黄面蜂的亮色面具十分引人注意。它们是真正的生存高手，擅长利用其他昆虫的建筑成果，有些黄面蜂会搬进植物的虫瘿中，或者寄生在瓢虫的身体里。

紫木蜂

当阳光照射在它们闪闪发光的蓝色翅膀上时，紫木蜂看起来就像一颗宝石。紫木蜂属于品种稀少的野蜂，已经被列入了濒危物种红色名录。它们喜欢啃咬枯树，在里面筑巢，但是今天枯树越来越少见了。

苜蓿切叶蜂

苜蓿切叶蜂是园丁的宠儿，即使它们会在观赏性植株上咬出小孔。这种野蜂需要叶片来建造舒适柔软的家，有时也会在空心植物的茎干里建巢，但它们并不会伤害植物。作为植物重要的授粉者，人类不应该责怪它们取走小小的叶片。

不可思议！

大多数野蜂都有相同的死对头——青蜂。青蜂是一种寄生蜂，喜欢"借巢产卵"。它的幼虫孵化后，会把寄主的后代杀死，并吃光寄主储备的食物。青蜂品种繁多，大多数会寄生在其他野蜂身上，有些青蜂甚至会直接抢占寄主的巢穴，把原来的主人变成自己的奴隶。

角额壁蜂

角额壁蜂披着一身漂亮的锈红色绒毛。仔细观察，你还会发现雌蜂头部前方有两只微型触角，雄蜂的额头上有一簇装饰性的白色毛发。名如其"蜂"，这种随处可见的蜂种喜欢在墙壁的裂缝里安家。

花园毛蜂

之所以叫这个名字，是因为雌性毛蜂喜欢用羊毛般的植物细毛建造巢穴。和许多野蜂一样，这种蜜蜂只喜欢飞向特定的花朵，它们特别喜欢类似于水苏的唇形花科植物。雄性毛蜂会潜伏在植物上方，等待饥饿的雌性前来觅食，并伺机与之交尾。

毛跗黑条蜂

毛跗黑条蜂常常被误认为是熊蜂，因为讨人厌的毛跗黑条蜂和熊蜂一样，早春时节就飞出来活动了。熊蜂喜欢从容惬意地嗡嗡低鸣，而它们却喜欢火急火燎地在花朵间窜来窜去。雌蜂会在黏土墙上挖掘出像管道一样的巢穴。

黄金蜜蜂

有人称它为狐红色的蜜蜂，也有人称它为西方蜜蜂，不过它的中文学名叫黄金蜜蜂，人们总能通过金橘色闪闪发光的绒毛辨认出它们。黄金蜜蜂会在空旷的地面挖掘管道形状的巢穴，它们喜欢稀疏的草地。谁要是打算把这种漂亮的昆虫邀请到自家花园，就不要过度施肥和翻挖土壤。

最著名的 蜜蜂

采集花粉和花蜜？太无聊了！我宁愿干点儿别的！

你认识世上最著名的蜜蜂吗？它就是小蜜蜂玛雅！你的祖父母很可能都曾读过小蜜蜂玛雅的故事。作家瓦尔德马尔·邦泽尔斯于1912年创作了享誉世界的长篇小说《蜜蜂玛雅历险记》，小蜜蜂玛雅已经有100多岁了！1975年以后，你的父母或许会痴迷于动画片《小蜜蜂玛雅》，片中的小蜜蜂玛雅有着金色的头发，知名度几乎与我们今天耳熟能详的米老鼠一样。为什么小蜜蜂玛雅会如此闻名遐迩呢？这当然与人们一直以来对蜜蜂的喜爱有关。大多数人对甲虫、苍蝇等昆虫嗤之以鼻，但对蜜蜂却情有独钟。

过去，人们总喜欢把勤劳的蜜蜂形象设计为各种徽章图案。著名的法国时尚品牌迪奥还曾设计过一款"小蜜蜂"系列的男士衬衫。

2000多年前，纯金打制的蜜蜂戒指问世。还有两款蜜蜂胸针，虽然年份不够久远，但同样也十分精致漂亮。

Zur Goldenen Biene
1895 1975
Robert Boger

很久从前，意大利托斯卡纳巴贝里尼家族的纹章以牛虻为装饰物。当这个家族获得了权力和财富后，牛虻的图案就换成了蜜蜂。

这个古埃及浮雕也用蜜蜂图案作为装饰。在古埃及象形文字中，蜜蜂象征着上层阶级。

蜇人的小昆虫常常令人讨厌，但蜜蜂却是个例外——六条腿的蜜蜂经常出现在童话和寓言故事中，它们的形象往往也十分可爱，几乎没有哪种昆虫的受欢迎程度能与之媲美。

牛奶和蜂蜜是味蕾的天堂

为什么蜜蜂会如此受人青睐呢？原因大概有两点：第一，它们会辛勤地酿造蜂蜜；第二，它们非常团结，会共同组建蜜蜂王国。今天的我们可能无法想象蜂蜜在以前究竟有多珍贵，以前没有工厂会生产糖，甜味剂更是闻所未闻。如果我们想吃点甜食犒劳一下自己，就只能选择蜂蜜！这样看来，我们的祖先认为牛奶和蜂蜜是味蕾的天堂也就不足为怪了！牛奶和蜂蜜被视为上帝赐予我们的馈赠！

玛雅变得顽皮

蜜蜂不仅提供美味的蜂蜜，还能提供精神的养分。几千年来，人们把社会化的蜜蜂视为榜样，赞扬它们的勤劳和为集体利益无私奉献的精神。几千年前的人们认为人就应该如同蜜蜂，绝对服从蜂王指挥，勤勤恳恳地完成自己的任务，各司其职。进入 20 世纪以后，人类才开始转变这种观念，反对将昆虫王国作为榜样。今天，很多人开始重视个体价值，认为人应该彰显个性和自我能力，摆脱蜜蜂般的生活模式，主动追寻自我。这种改变在小蜜蜂玛雅的身上也能窥见：这个来自 1912 年规规矩矩、言听计从的小说人物玛雅变成了动画片中叛逆的形象，不再对工作感兴趣，而是渴望去冒险，去发现新世界。

有趣的事实

蜂蜇蛋糕的来源

传说在 1474 年，位于奥地利城市林茨的公民们准备入侵德国城市安德纳赫。清晨，入侵者悄悄靠近安德纳赫，当地人毫无察觉，只有两个面包房的学徒为了偷走城墙上的蜂蜜碰巧守候在那里。发现入侵者后，他们沉着冷静地将蜂箱掷向入侵者。这些林茨人被愤怒的蜜蜂一顿猛蜇，不得不仓皇撤退。为了庆祝成功击退入侵者，安德纳赫人烘烤了一种点心，并将其命名为"蜂蜇蛋糕"。

液体黄金

蜜蜂采集蜂蜜，对吗？其实不是！蜜蜂从花朵中吸取的只是花蜜。如果你想试试在面包上涂抹花蜜的话，可能会大失所望：花蜜中含有大量水分，味道不甜，闻起来也没有蜂蜜香。蜜蜂采集的并不是蜂蜜，而是花蜜，它们会把花蜜加工成蜂蜜。蜜蜂吸取花蜜，然后将它们吐出来交给其他蜜蜂。在这期间，它们把花蜜和身体内的一些物质混合，混合物会变得更浓稠，水分含量也会降低，在巢房中慢慢酝酿成熟后就变成了蜂蜜。

蜜蜂从花朵中吸取的只是充满水分的花蜜。

吞下去又吐出来

老实说，蜜蜂把花蜜不断吞下去又吐出来，听起来有点儿恶心，但关键是，结果看起来是好的，而且还很美味！

蜂蜜如此美味可口，并没有什么好大惊小怪的：蜂蜜的含糖量约为 80%，其中的糖并不是我们日常见到的白砂糖，而是果糖和葡萄糖。根据不同糖类所占的比例，蜂蜜会慢慢变成液体或晶体等不同形态的蜂蜜。

剩下 20% 的成分主要是水分，当然还有少量矿物质、维生素和芳香剂，它们共同使蜂蜜变得如此美味香醇。

你吃过现酿的蜂蜜吗？比如奶白色的椴树蜂蜜味道就和金黄色的洋槐蜂蜜很不一样。本地养蜂人酿制的蜂蜜更值得一尝，超市里出售

只有经过反复吞吐和传递，花蜜才能酿制成蜂蜜。

甜甜的储粮

当巢房被蜂蜜装满后，工蜂就会用蜂蜡把它们密封起来。现在，新鲜的蜂蜜正在静待酝酿成熟。

→ 创造纪录

60000 只

蜜蜂飞出蜂巢，四处寻找蜜源，齐心协力运回了一千克花蜜。

的瓶装蜂蜜味道大多相似，它们都是经过加工的蜂蜜。

蜂蜜可以治病

为了不让自己的储粮腐烂变质，蜜蜂会在蜂蜜中加入阻止细菌滋生的物质。因此，蜂蜜疗法一直在医疗界也占有一席之地。过去，人们会把蜂蜜抹在较小的伤口上，以避免伤口发炎。今天，医生仍在研究当药物无法及时治疗疾病时，蜂蜜能否起到预防感染的作用。此外，如果将蜂蜜加热到 40 摄氏度以上，可能会破坏其中的特殊物质。因此，你最好选择温热的牛奶搭配蜂蜜。

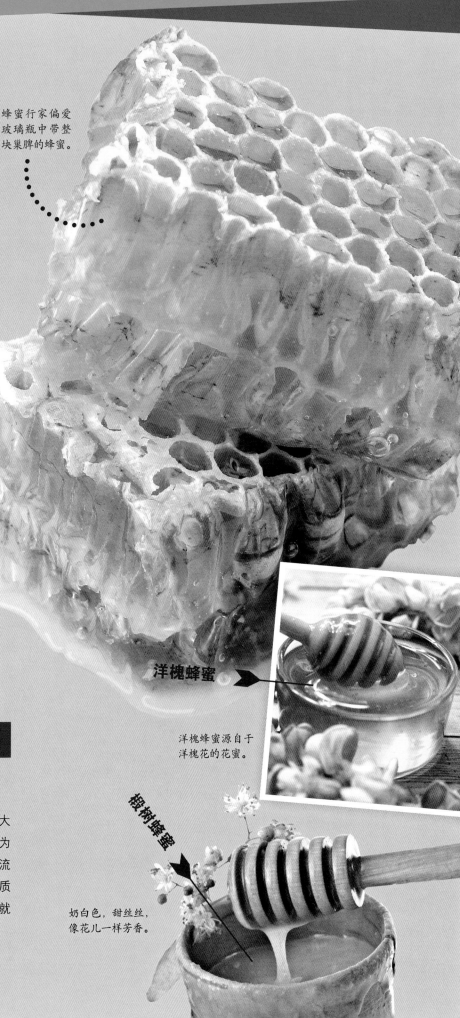

蜂蜜行家偏爱玻璃瓶中带整块巢脾的蜂蜜。

洋槐蜂蜜

洋槐蜂蜜源自于洋槐花的花蜜。

椴树蜂蜜

奶白色，甜丝丝，像花儿一样芳香。

有趣的事实

蚜虫的便便

你喜欢蜂蜜吗? 希望知道这个真相后你不会对它大倒胃口：有些美味的蜂蜜并非来自花朵，而是蚜虫! 因为蜜蜂除了采集花朵中的花蜜外，也会采集蚜虫肛门里流出的黏糊糊的汁液。在蚜虫体内排出的蜜露中，蛋白质和糖分含量非常高，蜜蜂吸取蜜露后再吐出来，慢慢就酿成了蜂蜜。

蜂蜡制成的挂钩散发出蜂蜜的香味，可以用来装饰圣诞树。

手工和烘焙

嘴馋了吗? 即使将蜂蜜直接抹在面包上就已经很美味了，但尝试用蜂蜜来烘焙或者烹饪会更美味。首先，蜂蜡会散发出一种诱人的蜂蜜香，我们可以直接用它制作一款喝咖啡时的蜡烛或圣诞节的装饰品! 然后，我们再介绍一种制作蜂蜜华夫饼的简单做法。

精致的蜂蜡吊坠

开始制作吧 :

1 首先，融化部分蜂蜡，把蜂蜡或蜂蜡颗粒放进耐高温的碗里，将碗放在一锅水中缓缓加热，使蜂蜡慢慢融化，这个环节需要一些时间。(请在家长的协助下完成这个步骤。)

2 将细线绕成环状，将其中的一部分放入浇铸模具中，线头应置于圆环之外。模具边缘两端的线头至少要达到 5 厘米，这样吊坠挂绳才足够长。

3 用一个大勺将液态蜂蜡小心地倒进模具里，待蜂蜡冷却定形后，再小心地将"蜂蜡吊坠"从模具中取下来。在取之前，最好将模具放入冰箱冷冻几分钟。

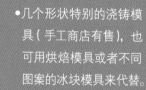

准备材料 :

- 蜡烛或蜂蜡板 (手工商店有售)
- 几个形状特别的浇铸模具 (手工商店有售)，也可用烘焙模具或者不同图案的冰块模具来代替。
- 用来悬挂吊坠的细线

超级清洁法

教你一个清洁模具的小窍门 : 将烤箱加热至 150 摄氏度，把模具的开口面置于烤箱栅格上，在底下铺一张烘焙纸，你会发现模具内的蜂蜡等脏物会融化并滴落到纸上，最后扔掉烘焙纸即可。

美味的 蜂蜜华夫饼

开始制作吧：

1 将蛋白和蛋黄分离，用打蛋器或料理机将蛋白打发至奶油状。将面粉等其他配料搅拌成浓稠的面糊，然后小心地将面糊与打发好的蛋白混合。

2 现在，你可以用华夫饼模具烘烤一块块华夫饼了。如果你喜欢，完全可以按照自己的口味，在华夫饼上撒上肉桂粉、细砂糖或者蜂蜜，一定美味无比！

准备材料：

- 80 克黄油
- 60 克蜂蜜
- 3 颗鸡蛋
- 375 毫升牛奶
- 一些矿泉水
- 300 克面粉
- 半包泡打粉
- 1 个华夫饼模具

珍贵的卷形蜂蜡蜡烛

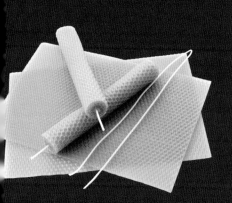

准备材料：

- 1 块蜂蜡板
- 1 根灯芯（手工商店有售）
- 1 把小刀
- 1 把尺子
- 1 个吹风机

开始制作吧：

1 开始制作之前，你需要稍微加热蜂蜡板使它弯曲，用吹风机即可，当然你也可以把蜂蜡板放在取暖器上短暂加热。蜂蜡板两端的长度不等，可分为短边和长边。

2 剪下一段灯芯，灯芯大约比蜂蜡板短边长 2 厘米。先将灯芯对齐蜂蜡板短边边缘，然后将其按压进短边边缘固定，灯芯应该在蜂蜡板两头均留有剩余。现在，沿着短边边缘把蜂蜡板慢慢卷起来。

3 卷完后，固定蜂蜡板边缘，大功告成！圆锥形尖头的蜡烛特别好看，要卷出这种形状，你得在卷之前沿蜂蜡板的长边边缘斜剪一刀，最好用小刀和尺子进行操作。

注意：不要让融化的蜡油从侧面开始滴落，否则漂亮的蜂窝图案就毁于一旦了。

冒险采蜜：在喜马拉雅山陡峭的岩壁上，蜂蜜猎人正在追踪野蜂群。

这幅石窟壁画证明了石器时代的人类已经开始采集蜂蜜。

养蜂的艺术

一个四肢修长的人爬上高高的围墙，或者爬上一棵粗壮的大树。他手提一只水桶，眼神瞄准一个圆形洞穴，但洞穴四周满是守卫者：五个飞行物正在攻击入侵者，毫无疑问，这些不明飞行物就是我们常见的蜜蜂。这幅画是最古老的描述人类掠夺蜂房的画作，发现于西班牙一个古老洞穴的岩石壁上，它究竟诞生于8000年前还是12000年前，考古学家们至今尚无定论。远古时代的人们已经发现了美味的蜂蜜和珍贵的蜂蜡！印度的蜂蜜猎人至今仍在沿用这种古老的采蜜方法。

古老的技艺

早在7000年前，人类就已经发现，人工饲养蜜蜂获取蜂蜜比掠夺野蜂蜜更容易。远古时代人们就曾开始大规模养蜂，就连著名的古希腊哲学家亚里士多德也曾研究过蜜蜂。遗憾的是，这种古老的养蜂技艺正在逐渐消亡，它主要受到两方面的威胁：在美国等国家，养蜂已经沦为工业模式，养蜂人饲养数千个蜂群，并用大卡车把它们运往全国各地，养蜂逐渐成为集中化、规模化的生产活动；相比之下，德国几乎没有专业的养蜂人，人们养蜂仅仅出于

现代化养蜂：现代蜜蜂小屋看起来更像货运集装箱。

在德国首都的喧嚣中，养蜂人正在柏林大教堂的屋顶上收获优质的蜂蜜。

→ 你知道吗？

养蜂是一门学问！为了吸引年轻的学生，养蜂协会经常会在学校开展蜜蜂项目。在有些地方，养蜂还是学生课表上的一门选修课。相关教育部门甚至会提供教育经费来购买养蜂设备。如果你想在学校听见嗡嗡作响的蜜蜂声，可以和生物老师讨论你的养蜂计划。

一种传统爱好，顺便赚取一些额外收入，但这笔收入甚微，而且人们也没有太多闲情和时间来饲养蜜蜂。1970 年以来，德国的蜂群数量下降了五分之一，对于菜农和果农而言，果蔬授粉将成为一大难题。

新趋势——城市养蜂

幸运的是，近年来人们养蜂的兴趣逐渐回升。如果说养蜂曾经只是农村的活动，那么它现在已经开始征服城市了。相比于农村，城市不仅更温暖，而且花园里总是鲜花盛放，许多人甚至相信，城市蜂蜜的味道会更好！

这个鬼脸能否吓走厚颜无耻的蜂蜜小偷，并让他们远离这个年代久远的蜂箱呢？

遗憾的是，这种美丽的老式蜂箱如今已经鲜少见到。

养蜂是男人的事？不！女士们也是养蜂专家呢！

知识加油站

▶ 蜂蜜猎人喜欢收获野蜂巢穴里的蜂蜜，比如巨型蜜蜂和矮型蜜蜂酿的蜂蜜。

▶ 西方蜜蜂是世界上最普遍的蜂种，也是盛产蜂蜜的蜂种，人们可以根据它们独特的外表和行为加以辨别。

▶ 亚洲也盛产蜜蜂，其中最典型的蜂种就是东方蜜蜂。东方蜜蜂与西方蜜蜂关系密切，但与西方的姐妹们相比，它们显得没那么勤奋。

养蜂的装备

割蜜刀

这种常带有锋利刀片的小金属部件是养蜂人最重要的工具。养蜂人从蜂箱中取下蜂框，然后用割蜜刀将蜂蜡从巢框上刮下来。

玻璃瓶

养蜂人会准备大量干净的玻璃瓶，里面装满了刚收获的新鲜蜂蜜。如果想出售这种瓶装蜂蜜，贴上商品标签就可以了。

带面罩的防护服

把头和脸藏在帽子的面罩里，穿上一件外套或者一件浅色衬衫就能保护养蜂人不被蜜蜂蜇伤。人工饲养的蜜蜂都非常温和，许多养蜂人甚至不穿防护服。

防护手套

在整理蜂箱时，你可能会被蜇伤。如果你想避免这种情况，请准备一副厚厚的养蜂手套。经验丰富的养蜂人很少被蜜蜂蜇到，他们甚至不需要戴手套。

蜂 刷

养蜂人要想获取蜂蜜,必须先驱散蜂巢周围的蜜蜂。为此,他需要使用蜂刷。所谓的蜂刷就是由浅色的塑料鬃毛制成的小刷子,最好不要用深色。因为深色的刷毛会刺激蜜蜂接近,让它们误以为有毛茸茸的食肉动物在发动攻击。

喷烟器

养蜂人打开蜂箱盖,向蜂箱内喷洒烟雾,这种小小的工具叫作喷烟器。喷烟器喷出的烟雾使得温顺的烟雾能使蜜蜂变得温顺。蜜蜂会误以为自己遇到了森林火灾,然后全心全意地酿制蜜,以备逃生。

蜂 箱

饲养蜜蜂的木质箱子或塑料盒子叫作蜂箱。今天,人们会使用具有多个重叠层的蜂箱。蜂箱里悬挂着各种巢框。巢框上有蜂蜡,养蜂人可以把巢框单个取出来。

蜂蜜脱水机

这种不锈钢装置看起来就像一台离心式衣物甩干机。当它旋转时,离心力会迫使蜜蜂从巢中脱离。在脱水之前,养蜂人必须移开蜂巢上的蜂盖。

不可思议!

欧洲的蜜蜂在炎热的热带地区难以生存,巴西研究人员尝试让它们与来自非洲的蜜蜂进行杂交,实验结果是辛勤工作的蜜蜂变成了极具侵略性的"杀手蜜蜂"。这些"杀手蜜蜂"四处逃窜,只有经验丰富的养蜂人才能从容应对,因为他们了解并且尊重这些"杀手蜜蜂"。

➡ 你知道吗?

蜂毒不仅可以伤人,也能救人!它具有消炎、杀菌的作用。蜂毒的软膏式注射剂能有效治疗风湿。蜂毒针一般只会新伤哺乳动物和人类的弹性皮肤,对其他昆虫和硬硬的甲壳无效。通常情况下,蜜蜂蜇刺中其他生物并不会死。

蜜蜂的噩梦

现代农业大量使用有毒杀虫剂和除草剂，它们威胁着蜜蜂的生存。

2007 年，美国新闻头条上出现了一则令人恐惧的报道：在美国部分地区，五分之四的蜂群离奇死亡！养蜂人只看到遍地的蜜蜂尸体。蜂箱被蜂群遗弃，辛勤的蜜蜂们集体死亡，只剩下老蜂王和几只忠心耿耿的工蜂在蜂箱里爬来爬去。蜂群大面积死亡的惨剧正在美国等国家不断上演。不过，蜜蜂死亡惨剧在中国并不太严重，尽管它们可能会熬不过严冬，但春天它们依然如约而至。

蜜蜂杀手

究竟是什么把蜜蜂逼到如此田地？杀虫剂可能是罪魁祸首，因为某些新烟碱类杀虫剂对蜜蜂具有致命性危害。2008 年，有毒物质的泄漏就曾导致莱茵河流域数千只蜜蜂死亡。很多农药也会伤害蜜蜂，尤其是当几种不同的化学物质相互作用时。由于过度喷洒农药，大片土地上逐渐没有了蜜蜂的踪迹，在那里，农民只能辛苦地给果树和蔬菜进行人工授粉！

→ 创造纪录

30%

五年内，美国 30% 的蜜蜂逐渐死亡。

蜜蜂惨案：今天，大量蜜蜂成为疾病和毒素的受害者。

长途运输使蜜蜂们变得体弱多病。

色彩斑斓的鸟：
食蜂鸟

知识加油站

▶ 除了瓦螨，养蜂人还特别担心蜜蜂幼虫患上一种致命的传染病——烂子病。

▶ 大蜡螟幼虫也是蜂箱的不速之客，它们会吃掉蜂箱里的蜂蜜。大蜡螟成年后，有时会在蜂箱内传播疾病。

▶ 蜜蜂强敌环伺，比如食蜂鸟（鸟类）、掠食性胡蜂或郭公虫。虽然掠食者会捕获许多蜜蜂，但它们并不会对整个蜂群造成致命威胁。

密集的皮毛保护灰熊免于被螯针蜇伤。

病原体也可能是蜜蜂杀手。由于很多蜜蜂并非本地物种，因此养蜂人需要从其他地区甚至海外进口。长途迁徙给蜜蜂带来的是瘟疫肆虐和生存噩梦，比如一种在以色列发现的病毒正在侵袭美国的蜂群。当然，蜂群大规模灭绝的原因绝不止一种，比如农民在从事农业生产时忽视环保因素，农药和疾病四处蔓延，导致蜜蜂深受其害。除此之外，长期的营养不良和频繁的长途运输又进一步导致了它们的抵抗力严重下降。

致命的纠缠

最糟糕的是瓦螨，这些小寄生虫寄生在蜜蜂体内，吸吮它们的体液。最初，体长 1.6 毫米的瓦螨仅见于亚洲，但几十年来，它们已经扩散到除澳大利亚以外的世界其他地区。东方蜜蜂在进化过程中已经学会了互相清洁，以此摆脱瓦螨的致命纠缠。但西方蜜蜂却对此毫无防备，养蜂人必须经常使用药物来驱散瓦螨。而有机养蜂业则会摒弃人工药物，使用天然酸，比如蚁酸。无螨的澳大利亚是西方蜜蜂的天堂，但那里并非它们的故乡。如今，野生蜂群已经越来越少见，到了寒冷的冬天，许多野生蜂群就会消失。

这只小小的瓦螨是蜜蜂最大的敌人。

在许多地方，蜜蜂越来越稀少，农民不得不为果树人工授粉。

美丽的紫木蜂会在枯树中产卵。

野生蜜蜂在一个杂乱的花园里建造了许多筑巢点。

空空的蜗牛壳是角额壁蜂的孵化室。

蜜蜂保卫战

小草、鲜花、蜜蜂：如果没有这些可爱的生命，我们的大自然会变成什么样呢？如果再也没有嗡嗡低唱的蜂鸣声，大自然将一片寂静，毫无生机，许多动物和植物也将不复存在。不幸的是，在有些地方，这一切已经变成了可悲的现实。

人类应该有所行动，以扭转这种局面。那谁能成为蜜蜂的守护者呢？养蜂人必然是最佳人选。今天，你或许很难在草丛和田野里看见蜜蜂飞舞，这一切并不只是由于蜜蜂的死亡率明显提升，还因为养蜂人也越来越少。想不想自己养蜂呢？或许你可以争取父母或者学校的支持。不过养蜂不只是一种娱乐活动，还是一

种责任，你必须坚持好好照顾它们。蜜蜂是有生命的，当你不再喜欢它们时，不能将它们弃如敝屣。你还可以购买蜂蜜，让养蜂人有资金坚持养蜂事业，并鼓励养蜂人发展有机养蜂业，让蜜蜂能被友好地对待。

蜜蜂花园

人工饲养的蜜蜂处境堪忧，野生蜜蜂更是步履维艰。天然的草地、田野和森林正遭受着巨大的破坏，野生蜜蜂是首当其冲的受害者。那些与野花为伴的野生蜜蜂正面临着前所未有的生存危机，与家养蜜蜂不同，野生蜜蜂非常挑食，只吃特定的食物，一旦食物短缺，它们

芳香四溢的鲜花为蜜蜂提供了
丰富的食物。

躲在干枯的植物茎里，蜜蜂就能熬
过寒冷的冬天。

昆虫旅馆由多孔
砖和木块制成。

就将面临巨大的生存考验。如果你们家有花园，那你可以为蜜蜂做很多事情：多种些开花植物，而不是满园的草坪和针叶树。不过不要选择花朵过分繁茂的观赏性植物，因为这些品种几乎不含花蜜和花粉。你还可以种植香草，比如薰衣草、牛至、鼠尾草和迷迭香，这些都是蜜蜂的最爱，你也可以用它们来做菜！大胡蜂则非常青睐像蓝星花或藏红花这样的植物。如果空间足够大，你还可以种一棵果树，蜜蜂会为它授粉。

建造昆虫旅馆

今天，四处都在扩建草地和耕地，到处是农田或柏油路，野生蜜蜂不仅无处觅食，连筑巢也变得越来越难了。你有没有想过为蜜蜂建造一个人工巢穴呢？你可以找一找枯死的树木，在里面钻出各种小孔，仔细观察蜜蜂会不会搬进你为它们建造的蜜蜂旅馆。空心的植物茎会吸引许多蜜蜂前来居住，沙蜂喜欢不太硬的黏土块……如果你想了解如何建造"昆虫旅馆"，可以上网搜索更多相关信息。

➡ 你知道吗？

早春时节，一只筋疲力尽的蜂王正在辛勤工作，整个蜜蜂王国都得靠它撑着！试试给蜂王喂些糖浆，或者将半勺糖溶入水中，等它来光临，这些糖浆将会是蜂王的救命蜂粮。

木堆为蜜蜂提
供了藏身所。

神奇的 纸质建筑

胡蜂可以用它们的口器啃咬木头。

如果有最不受欢迎昆虫排行榜，胡蜂绝对名列前茅。当然，我们指的并不是那些不起眼的草食性胡蜂或寄生性胡蜂，而是有着黑黄条纹的凶猛胡蜂，它们锋利的毒刺会让我们退避三舍。但是，请暂时忘记它们的恶行，放下对它们的成见，其实我们也不得不承认，这些外表凶狠的野兽也有善良的一面：为了喂养幼虫，它们会辛勤地捕捉昆虫，顺便帮我们消灭了蚊虫，让我们得以远离蚊虫的骚扰。

谁在咯吱作响？

胡蜂不仅能消灭蚊虫，还会建造自然界最美丽的建筑——胡蜂巢，这是一个精美的纸质建筑。蜂群中的工蜂会在 10 到 20 天蜂龄时分泌蜂蜡筑巢，其余时间只能用枯枝、落叶或动物粪便作为建筑材料。你是否在木栅栏旁或木柴堆里听见过奇怪的咯吱声？如果仔细观察，你可以发现胡蜂正在啃咬木材。细碎的木材混合唾沫后会变成纸浆，胡蜂可以利用这些纸浆建造洞穴式或自由悬挂式蜂巢。

香肠和蛋糕

德国黄胡蜂是一种非常烦人的胡蜂，庞大的胡蜂王国容纳了数千只胡蜂，这么多嗷嗷待哺的胡蜂需要大量的食物，它们对我们的香肠和蛋糕觊觎已久。和其他蜜蜂与胡蜂一样，它们的生命周期只有一个夏天，到了秋天，胡蜂们会成群地死去，只有受精的年轻蜂王才能熬

在田野里，胡蜂的巢穴缺乏保护性外壳。

➡ 创造纪录 **500克**

胡蜂群每天捕捉的昆虫重达 500 克！

知识加油站

▶ 大多数胡蜂只能通过脸上的图案来加以区分，但在庞大的胡蜂家族中，人们总能一眼就认出大胡蜂。

▶ 许多脾气温和的胡蜂会在树枝或者树杈中建造巢穴，做一群与世无争的隐居者。

胡蜂分泌唾液，将咬碎的木头混合成纸浆，用于建造纸质蜂巢。

巧夺天工的胡蜂巢就像一个精致的现代
雕塑，它的入口位于巢穴底部。

严密的保护

胡蜂们会建造一个圆形外壳，把蜂巢团
团围住，它们会在第一批孵化室上方建
造一个保护性拱形屋顶。

过寒冷的冬天。到了来年春天，蜂王
又开始建造一个迷你蜂巢，并在巢内
产下第一批卵。蜂王还得喂养幼虫，
它会将捕食的昆虫嚼烂了喂给幼虫，
孝顺的幼虫又会分泌含糖汁液反哺蜂
王。当第一批工蜂发育成熟后，它们就会
帮助母亲筑巢。与蜜蜂一样，胡蜂蜂王也
会分泌信息素，确保自己的女儿们不会繁
殖后代。如果蜂王的气味在夏末消退，女
儿就会受精产卵，争夺未来蜂王的宝座。
新的蜂王马上就会产卵，但此时产下的卵
没有受精，孵化出来的是雄蜂——下一代
胡蜂之父。

和蜜蜂幼虫一样，胡蜂幼虫
也会在六边形的蜂窝里长大。

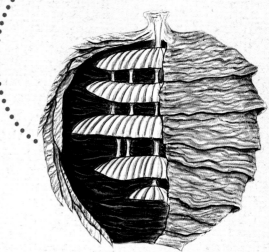

春天，年轻的胡蜂
女王又开始辛苦地
建造巢穴。

黑黄相间的不速之客

哇，美味的蛋糕！最好给胡蜂分点，不然它会来捣乱的。

你可能见过这样的场景：在郊外野餐或者在花园里喝下午茶时，食物刚被端上餐桌，嗡嗡嗡的不速之客就赶来搞破坏！身着黑黄条纹服的作战飞行员直奔蛋糕盘，在柠檬水杯旁飞来飞去，有时甚至在香肠上驻足，这些令人讨厌的小胡蜂实在无法引起人们半点好感。现在，胡蜂家族的成员又盯上了新目标，在你们的餐布上到处捣蛋，四处晃荡。妈妈一边驱赶胡蜂，一边提醒你别把胡蜂吞进肚子里，爸爸取笑妈妈太唠叨，一家人郊游的兴致一扫而尽，真正高兴的恐怕只有胡蜂了吧。

防蜂小妙招

胡蜂这位不速之客实在不太招人待见，如果你不小心误食了胡蜂或者被它们蜇伤的话，可能会危及生命：如果胡蜂刺中你的喉咙，黏膜会肿胀，导致你无法呼吸，但这种危险发生的概率较低。不过，在享受夏天的户外盛宴时，你把蛋糕放入嘴里之前最好注意一下，尽量使用吸管饮用甘甜的饮料。如果你对胡蜂过敏的话，郊游时最好备上药物急救箱。

胡蜂也喜欢喝甜甜的柠檬汁，在饮用时要检查杯子里有没有胡蜂哦！

夏末，数以千计的胡蜂在蜂巢里嬉戏时，它们不会放过任何美食。

仔细观察胡蜂，它们看起来十分友好，对吧？根据不同面部特征，人们可以区分不同的胡蜂品种。

与蜜蜂的螫针不同，胡蜂的螫针没有挂钩，无法钩住食物。

保持冷静！

遇到胡蜂也不必一惊一乍，胡蜂想要的只是我们的蛋糕，不是我们的性命。它们只有在感到威胁时才会用螫针蜇人，所以它们远没有想象的那么可怕。黑黄条纹是它们的警戒色，目的是提醒我们自觉远离它们。所以，如果遇到胡蜂，最好保持冷静，你的剧烈反应只会适得其反，甚至激怒它们。最好将胡蜂的注意力分散，让它们远离我们的食物。你可以在不远处放些水果招待它们，毕竟它们也想安静地享用美食。不过别忘了，香水和化妆品也会吸引饥饿的胡蜂！

被蜇了？急救小妙招！

被蜇后一定很痛，不过不要惊慌，你可以立即将被蜇的伤口加热至 50 摄氏度，因为在这个温度下，毒素就会被分解。随后，你可以用冰块或冰袋将伤口慢慢冷却，防止伤口肿胀，还能减轻疼痛感。还有一个家庭急救小妙招：将洋葱按在被蜇的伤口处。

有趣的事实

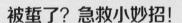

昆虫叮咬疼痛榜

科学家有时也充满奇思妙想，美国昆虫学家贾斯汀·施密特制定了叮咬疼痛量表，并将昆虫叮咬导致的疼痛分为 4 个等级：从 1 到 4。胡蜂和蜜蜂的叮咬疼痛感介于 2 到 2.5 之间。排在第一位的是令人闻风丧胆的子弹蚁，施密特描述道："这种疼痛感就像生锈的钉子刺入脚底，还得带着伤口踩在闪着火光的煤炭上。"据报道，他曾被 150 种不明身份的昆虫蜇伤过，不过都是出于意外。

➜ 你知道吗？

你的阁楼里有胡蜂群涌入吗？请不要自作主张地拆除蜂窝，因为胡蜂可能会被激怒，并誓死捍卫家园。通常情况下，人们可以和胡蜂相安无事地和平共处，毕竟蜂窝在秋季就会消失。请保持 6 米的安全距离！如果安全距离也不够安全，你最好请专业的消防队员来摘除蜂窝。

扁头泥蜂常被称为自然界的"摄魂怪"，青绿色的外壳上闪烁着金属光泽，就像一颗闪亮的宝石。

胡蜂喜欢将巢穴筑在泥墙里，然后在入口处挖出一条长长的通道。

螺赢找到了一只毛毛虫，宝宝们可以饱餐一顿了。它还为宝宝们建造了一个孵化室。

可口的鲜活猎物

注意，可怕的警报！大多数胡蜂都是掠食者，胡蜂幼虫吃肉无可厚非，毕竟人类也喜欢吃肉。不过，有些胡蜂的餐桌礼仪可能不适合敏感易怒的人。扁头泥蜂是恐怖电影中的"摄魂怪"，它们美丽而娇小，有优雅的长触角，全身闪烁着青绿色光泽，还有几个红色的波尔卡圆点。餐桌上的它们貌似不太优雅，喜欢吃蟑螂，而且是将蟑螂生吞活剥。

美女吃掉野兽

生吞蟑螂并不容易，扁头泥蜂必须先使蟑螂丧失战斗力，但这有些难度，毕竟蟑螂的体型是扁头泥蜂的两倍。但快、准、狠是扁头泥蜂一贯的作风，它们可以瞬间刺穿蟑螂的大脑，让蟑螂沦为毫无意识的僵尸。

现在，扁头泥蜂抓住了蟑螂的触角，将它带入蜂巢内，并将受精卵产在这个毫无反击之

1 扁头泥蜂妈妈将一只失去意识的蟑螂带入巢穴，把一颗卵产在蟑螂体内。

2 吃饱了的泥蜂宝宝慢慢长大，它会从令人毛骨悚然的蟑螂壳里飞出来。

力的猎物腹部。三天后，幼虫孵出，钻入蟑螂体内，并逐渐吃空蟑螂的内脏。一旦幼虫完成了进食，它就会在蟑螂体内捣蛋。大约四个星期后，一只可爱的年轻扁头泥蜂就会从空荡荡的蟑螂壳中破壳而出。

活物才新鲜

这些将活生生的猎物放入巢中给后代食用的胡蜂被称为寄生蜂，寄生蜂在膜翅目昆虫中很常见！除此之外，蜘蛛、甲虫、毛毛虫和其他膜翅目昆虫也会选择寄生，找到它们喜爱的寄主（为寄生虫提供营养物质和居住场所的生物）。仅中欧地区就有4000种寄生蜂，所有的寄生蜂都属于寄生虫，它们都会有专门的寄主。其他寄生虫必须获取寄主的绝对信任，但寄生蜂却对此不屑一顾。胡蜂是蜜蜂的天敌，它们的孵化室里总是塞满了蜜蜂俘虏。自然界中的猎人往往通过嗅觉来寻觅猎物，胡蜂也不例外，它们会利用触角四处寻找猎物。不过，为什么胡蜂不会立即杀死它们的"囊中之物"呢？人类就不会血腥地蚕食活物！答案很简单，胡蜂幼虫需要新鲜食物，而死亡的昆虫很快就会变质。有时候，自然界就是这么残忍……

➤ 你知道吗？

姬蜂是园丁和农民的重要盟友！被誉为自然界的"追踪者"。它们会帮助农民攻击蚜虫、飞蛾、毛毛虫或树皮甲虫，即使隐藏在木材深处的幼虫也不能逃脱追踪者灵敏的嗅觉。作为益虫，姬蜂会帮助农民消灭害虫，减少有毒农药的喷洒，有助于保护环境。

➤ 创造纪录
11 厘米

南美洲生活着体型庞大的膜翅目昆虫——沙漠蛛蜂，它们拥有深蓝色的身体和橙红色的大翅膀。体型庞大的沙漠蛛蜂攻击性很强，喜欢狩猎狼蛛。如果不小心被它蜇伤，剧烈的疼痛感会令人痛不欲生。

相煎何太急：一只掘土蜂捕获了一只蜜蜂。

不受欢迎的素食主义者

把玫瑰叶片卷起来的玫瑰三节叶蜂常常令园丁们头疼不已。

栗瘿蜂是板栗树的克星，它会危害板栗的生长。

有人讨厌野蜂，因为它们总是在餐桌上捣乱；有人认为野蜂很低贱，因为它们喜欢寄生在蟑螂体内。那植食性野蜂呢？它们可是吃素的。但这有什么用呢？园丁和农民同样讨厌这些素食主义者，因为它们不仅会发动群体进攻，有时还会蚕食农作物和果树，它们就是害虫，甚至比其他野蜂更令人讨厌。例如松锯蜂，它是一种危害松树的叶蜂科昆虫，还有梅花叶蜂，它会在收获的季节抢走农民的果实。也许你曾

在花园里见过玫瑰花，它们的叶子像雪茄一样被卷了起来，这都是玫瑰三节叶蜂干的好事，它们在花园里肆意妄为，而园丁很难发现这些"神龙见首不见尾"的小昆虫。

犯错的幼虫

危害植物的罪魁祸首并不只有叶蜂成虫，它们的幼虫也不好对付。我们常常习惯将这些贪得无厌的膜翅目昆虫的幼虫与鳞翅目昆虫的幼虫（毛毛虫）相互混淆，然而真正的毛毛虫的腿一般不超过七对，但叶蜂幼虫至少有八对。叶蜂幼虫的腿在身体上分布非常均匀，但毛毛虫的胸部和腹部之间并没有腿。不过无论是叶蜂幼虫还是毛毛虫，都被统称为蝎型幼虫。以叶蜂为代表的广腰蜂类是更古老、更原始的蜂，它们缺少典型的蜂腰以及毒刺。这些昆虫通常看起来不像膜翅目，而会让人更多地想到苍蝇，它们中的许多只有几毫米大小。它们分布广泛，仅在欧洲就生活着800多种广腰蜂类。

橡树瘿看起来像外形奇怪的水果，但它其实是一个蜂巢。

奇妙而矮小的建筑，这是玫瑰犁瘿蜂的育儿室。

个头小小的广腰蜂类看起来就像苍蝇。

醋栗锯蜂所到之处，往往只剩下光秃秃的叶子骨架。

幼虫的绿色小屋

作为体型较小的蜂类，瘿蜂也是素食主义者，但它们不属于广腰亚目，而是细腰亚目。它们会利用产卵管刺穿植物的茎，在里面产下自己的卵。同时，它们释放的不是毒物，而是某些无毒的化学物质，毕竟它们不需要麻痹任何猎物。这些信号物质会使植物长出一种奇怪的瘤状物或突起——虫瘿，它是供瘿蜂后代居住的房子。房子外面有一个坚硬结实的保护盖。根据种类的不同，房子内部可分为繁殖室和数百个软舱——每只幼虫分享一间。年轻的瘿蜂幼虫以柔软的植物组织为食，逐渐结茧成蛹，最后在蛹的外壁上啃一个洞，破茧而出。如果没有寄生在虫瘿中的幼虫，就不会有瘿蜂成虫出现了！

毛毛虫？不！这是锯齿蜂宝宝们正在参加蜂族盛宴。

不可思议！

胡蜂黑黄相间的耀眼条纹在警告对方："我很危险！"胡蜂的警戒色成为昆虫界的伪装绝招，很多攻击力弱的昆虫经常模仿这种黑黄相间的图案，以避开天敌的攻击。除了肉食性蜂种之外，许多植食性蜂种也会将自己伪装成一种有毒的动物。这些伪装形式被称为"拟态"。

小型蜂类画廊

中欧地区有 9000 多种不同的蜂类，大多数人却只知道黑黄相间的胡蜂，这太遗憾了，因为其他蜂种中也有很多漂亮而有趣的代表。有些漂亮的蜂种十分常见，你可以耐心观察。由于蜂类大多喜欢温暖，所以你可以在晴朗而干燥的地方找到它们，比如在斜坡上或森林附近。

沙蜂

这种魁梧的黑红色沙蜂原产于欧洲，如今已遍布世界各地。它最喜欢开阔的沙地，比如砾石坑或堤坝。在那里，它会挖掘 20 厘米深的管道巢穴，并喜欢往里面储藏无毛的旋目夜蛾幼虫。沙蜂往往喜欢亲自将猎物带到巢穴中。

青蜂

青蜂很可能是蜂类家族的选美皇后。为了迎合自己仙女般的气质，它总是以花蜜为食，但这只是针对成虫而言的。雌性青蜂会在各种野生蜂和胡蜂的巢中放置幼卵。在那里，青蜂幼虫以寄主的幼虫和储粮为食。

造纸胡蜂

造纸胡蜂是一种广泛分布于欧洲的胡蜂科马蜂属昆虫。它们过着群体生活，一个蜂群大约只有几十个成员。它们会制作纸浆，建造纸质巢房。这个物种正在不断扩张，近年来甚至入侵至美国和加拿大。

蜾 蠃

蜾蠃又被称为土蜂，它是蜂类家族的艺术家，擅长用黏土建造圆形巢穴，看起来就像一个精致的小陶罐。不过，它是一种寄生蜂，平时不会建巢，只有当雌蜂产卵时才会衔泥筑巢。它的储藏室内可以储存十几只毛毛虫，供幼虫孵化后食用。

蚁蜂

蚁蜂属于蜂类家族的一员，而不是蚂蚁！尽管它们外形相似，而且雌性都没有翅膀。大多数蚁蜂属于寄生蜂，它们喜欢成群结队行动。如果遇到它们要小心，被它们蜇到非常痛苦。

➡ 你知道吗？

大胡蜂的名声早已如雷贯耳。传说它三针可以杀死一个人或七匹马，这当然是无稽之谈！大胡蜂蜇人不会比蜜蜂蜇人更痛。此外，只有当这些爱好和平的巨蜂快被压死或者它们的族群处于危险之中时，它们才会蜇人。顺便说一下，大胡蜂和它们的巢穴已经被纳入保护范围了！

姬蜂

姬蜂是一种十分常见的膜翅目昆虫，它的身体长达 4 厘米，毒刺差不多也可长达 4 厘米。凶猛的姬蜂还是杀死自己姐妹的凶手：这只姬蜂用它可怕的毒刺刺穿树蜂幼虫，哪怕幼虫隐藏在树皮的深处也无法幸免。

黄翅菜叶蜂

黄翅菜叶蜂是一种引人注目的叶蜂，也是最常见的叶蜂之一。它们的幼虫长得像毛毛虫，以油菜或芜菁等十字花科蔬菜为食，常常在这些农作物上咬出大洞，因此会给农业生产造成巨大的损失。

名词解释

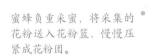

花　蜜：花朵中形成的含水、含糖的汁液，可用于吸引昆虫授粉。

花　粉：开花植物的雄性器官，外观呈粉末状，其个体被称为"花粉粒"。

螯　针：膜翅目昆虫进化后，由尾部的产卵管特化而成的尖刺。

广腰亚目：膜翅目的两大亚目之一，腹基部与胸部相接处宽阔，不会收缩成细腰状。

基　因：遗传信息的载体。

受　精：精子和卵子结合的过程。

几丁质：自然界甲壳类动植物外壳的主要物质，比如昆虫坚硬的外壳。

蜂　王：生殖器官发育完全的雌蜂。

雄　蜂：雄性蜜蜂，由未受精的蜂卵发育而成，体型较大，主要负责和蜂后交配，其他功能已经退化。

蜂王浆：喂养蜂王以及即将成为蜂王的幼虫的营养蜜浆，它是培育幼虫的青年工蜂咽头腺的分泌物。

膜翅目：昆虫纲的四大目之一，其种类超过 10 万种，主要包括蜂类和蚁类。

蜜　露：蚜虫从肛门排出的甜甜的、黏稠的液体，它是许多蜂蜜的原料。

幼　虫：孵化后的幼小昆虫，它们通常长得不像成年后的样子。

产卵管：腹部用于产卵的长而尖的管状突出物，原始的雌性膜翅目昆虫将产卵管插入木材或其他植物体内产卵。

寄生蜂：寄生在其他生物体内的寄生性蜂类，它会将寄主杀死。

农　药：用来杀死昆虫、真菌或杂草以保护植物的化学药剂。

蜂　蜡：蜂群中适龄工蜂从蜡腺中分泌出的物质，主要用于修造蜂巢。

蜂　胶：蜜蜂从花蕾或树干中采集并用作建筑材料的胶状物质。

有机体：具有生命的个体的统称。

虫　瘿：昆虫在植物体上产卵或寄生，引起植物体异常发育而形成的畸形瘤状物，主要呈囊状、球状或圆筒状。瘿蜂、螨虫、蚜虫、叶蜂等都可使植物造成虫瘿。

蛹：一些昆虫从幼虫发育为成虫的过渡阶段，幼虫的体形结构会在这个阶段瓦解，并重建新的成虫体形结构。

摆尾舞：蜜蜂的肢体语言，用于向姐妹们传递蜜源的方位和距离等信息。

细腰亚目：膜翅目中最大的亚目，这类昆虫腹基部与胸部相接处会紧束成细腰状。

瓦　螨：一种害虫，蜜蜂最可怕的天敌，它喜欢吮吸蜜蜂幼虫和成虫的体液。

病　毒：微小的病原体，只能在其他生物的活细胞中繁殖。

王　台：蜂王的巢房。

野生蜜蜂：所有非家养的蜜蜂，包括熊蜂。

蜜蜂负重采蜜，将采集的花粉送入花粉篮，慢慢压紧成花粉团。

内 容 提 要

　　本书引领孩子步入蜜蜂和胡蜂的家，了解它们是如何建造巢穴的。建造一个巢穴大约需要多长时间？巢穴里面是什么样的？它们的生活习性和特长分工又是什么样的？《德国少年儿童百科知识全书·珍藏版》是一套引进自德国的知名少儿科普读物，内容丰富、门类齐全，内容涉及自然、地理、动物、植物、天文、地质、科技、人文等多个学科领域。本书运用丰富而精美的图片、生动的实例和青少年能够理解的语言来解释复杂的科学现象，非常适合 7 岁以上的孩子阅读。全套图书系统地、全方位地介绍了各个门类的知识，书中体现出德国人严谨的逻辑思维方式，相信对拓宽孩子的知识视野将起到积极作用。

图书在版编目（CIP）数据

　　蜜蜂和胡蜂 ／（德）雅丽珊德拉·里国斯著 ； 张依妮译 . -- 北京 ： 航空工业出版社，2022.3
　（德国少年儿童百科知识全书 ： 珍藏版）
　ISBN 978-7-5165-2897-6

　　Ⅰ . ①蜜… Ⅱ . ①雅… ②张… Ⅲ . ①蜜蜂-少儿读物②胡蜂科-少儿读物 Ⅳ . ① Q969.557.7-49 ② Q969.554.4-49

　　中国版本图书馆 CIP 数据核字（2022）第 025118 号

著作权合同登记号
图字 01-2021-6345

BIENEN UND WESPEN Flüssiges Gold und spitzer Stachel
By Alexandra Rigos
© 2014 TESSLOFF VERLAG, Nuremberg, Germany, www.tessloff.com
© 2022 Dolphin Media, Ltd., Wuhan, P.R. China
for this edition in the simplified Chinese language
本书中文简体字版权经德国 Tessloff 出版社授予海豚传媒股份有限公司，由航空工业出版社独家出版发行。

蜜蜂和胡蜂
Mifeng He Hufeng

航空工业出版社出版发行
（北京市朝阳区京顺路 5 号曙光大厦 C 座四层　100028）
发行部电话：010-85672663　010-85672683

鹤山雅图仕印刷有限公司印刷	全国各地新华书店经售
2022 年 3 月第 1 版	2022 年 3 月第 1 次印刷
开本：889×1194　1/16	字数：50 千字
印张：3.5	定价：35.00 元